ツムギ（鹿児島市平川動物公園）

輝きを放つコアラに会いに

コアラが日本に初来日したのは1984年のこと。当時は初めて見るコアラの愛らしい姿に日本中が夢中になりました。それから40数年が経ち、動物園で飼育されたコアラたちも代替り。いまも新たに赤ちゃんが誕生し、日本で脈々とコアラの命が受け継がれています。本書は、すっかり日本で人気者になったコアラに、あらためて光をあてた本です。コアラに親近感を感じたら、どうぞコアラたちに会いに来てください。

CONTENTS

Cover Design & Photography
Shunsuke Minamihaba

カバー周りのコアラたち
カバー／アラタ（鹿児島市平川動物公園）　赤ちゃんはナギ（淡路ファームパーク イングランドの丘）
カバー裏／お母さんはりん、赤ちゃんはもなか（名古屋市東山動植物園）
カバー前袖／アラタ（鹿児島市平川動物公園）

※本誌掲載の情報およびデータは2025年1月末現在のものです。

謎解き
グラビア

コアラのひみつに迫る

動物園でもお馴染みのコアラ。見た目のかわいさは周知のことだけど、その不思議な生態は意外と知られていません。体のしくみや動きひとつとっても独特でとってもユニーク。そんなコアラのひみつをピックアップします。

コアラの
ひみつ

独特な
掴みかた

私たちが物を掴むとき、手は親指と他の4本の指に分かれています。これは間にできた空間で物を挟んだり、握ることができる構造。それがコアラの場合、親指には人差し指もセットになっていて、2本指と残りの3本指とに分かれます。このコアラ式の握り方、私たちから見るとちょっと不思議な掴みかたです。

コアラの
ひみつ
主食の
ユーカリは毒?

一心不乱にユーカリの葉をむしゃむしゃと食べるコアラたち。ユーカリはコアラの主食ですが、実は毒性があり、他の動物はめったに口にしません。動物に食べられないため進化したユーカリに対し、独占状態との引き替えにコアラたちも消化機能を進化させました。ユーカリとのスリリングな関係は続いています。

コアラのひみつ

意外にマッチョな体

普段はぬいぐるみのような姿で動きもゆったり。さぞや贅肉だらけだと思ったら、木から木へと見事な跳躍をみせることも。実はコアラの体は筋肉質。木をがっしり掴む樹上生活には腕力や脚力が必要不可欠なんです。

1日の活動期間は4時間程、そのほかの20時間はほとんど樹上で寝たり、休んだりしているコアラたち。その寝姿は様々です。巣を持たないからこそ木に体を預け、同化したようなユニークな姿になるのでしょう。

コアラのひみつ

木の上で熟睡

樹上生活に特化しているようにみえますが、実はコアラは大地を踏みしめることもできます。走ろうと思えば手足を使って素早く走れるんです。とても意外な姿ですが、ここぞという時のみに発揮されます。

コアラのひみつ

ときには地面を爆走

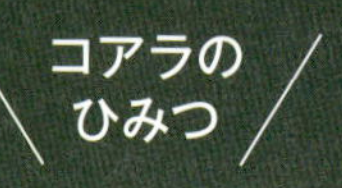

コアラの顔は同じじゃない

動物園で複数のコアラを見ていると、それぞれ動きや表情に違いが見られます。毛並み、耳のカタチ、鼻の模様など、よく見ると一頭一頭の顔も違います。私たちと同じように、コアラもそれぞれ個性を持った生き物。今までと視点を変えてコアラの差を探してみましょう。

＼コアラのひみつ／

お尻も個性的

コアラは顔も違えばお尻の模様も違います。グレーの体になぜか広がる白い斑点。その模様はバラエティーに富んでいて同じ物がありません。中にはほぼ白の斑点がないものもいたり。これもコアラのかわいいポイントです。

生態図解

コアラのすべて

日本ではお馴染みのコアラですが、他に類を見ない独特な存在であることは間違いありません。そんな不思議な動物と評されるコアラの現状と今わかっている生態をカテゴリーごとにイラストと図表で徹底解説します。

it koala

All abou

①生態

コアラは何の仲間？

漫画／ワタナベ チヒロ

ワタナベ チヒロ／マンガ家、イラストレーター　ウェイブコミック等のサイトで配信中。ラッコのリロの「リロぽん」をお手伝いさせていただきました。生前のかわいい姿をぜひ見てみてください!

体つきや顔の類似性から「クマ」の仲間と思われていたコアラ。和名も「子守熊」で、現在でも英語圏で「コアラ ベア」と呼ばれることもありますが、クマとは遠い存在。他にも樹上での暮らしぶりからサルの一種と思われたりもしました。いずれも有袋類の存在が明らかにされる前の話。コアラは同じ有袋類でオーストラリアの固有種のカンガルーなどが近縁種です。見た目の愛らしさならウォンバットや近頃人気のクオッカワラビーに通じるものがあります。

北と南の違い

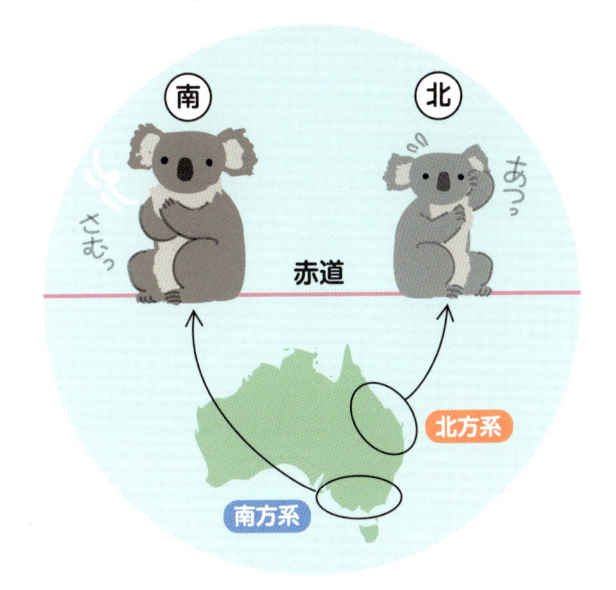

コアラは北方系（灰色）と南方系（茶色）の2つに分けられています。生息区域の明確な区分けはありませんが、南側になるほど寒さに適応し、被毛は厚く、体のサイズも大きくなります。南半球のオーストラリアの場合、南へいくほど寒くなるという日本と逆に考える必要があります。一般的に薄い灰色の北方系がコアラとしてイメージされます。

コアラとは？

他の大陸とは隔絶されているため特異な生態を持つものが多いのがオーストラリアの動物たちです。そもそもオーストラリアに生息する動物のほとんどは固有種で、多くはカンガルーやコアラに代表される赤ちゃんを育てるための袋（育児のう）が備わっています。さらに毒性のあるユーカリを主に食べるコアラは不思議な事だらけな生き物です。

半夜行性

動物園ではいつでも寝てばかりに見えるコアラですが、これには理由があります。実はコアラは半夜行性の動物で、夕暮れ時から夜間にかけて動き出し、夜明け時が最も活動的となります。こうした行動は生息地であるオーストラリアの環境が影響していると思われています。もし、動物園で活動的なコアラの姿を見たければ、閉園直前がおすすめです。

コアラの分布

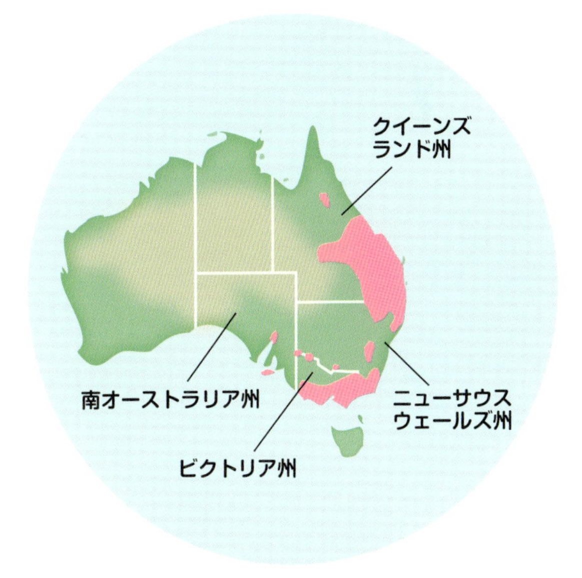

野生のコアラはオーストラリア大陸全般に分布しているのではなく、ほとんどが東海岸エリアに暮らしています。大陸の中央部は乾燥地域のため約40%が砂漠もしくは砂漠に近い状態。そのため、コアラが好む森林自体が沿岸地域に集中しています。地形でいえば西部にも沿岸部は存在していますが、西部は東部に比べると森林の規模が小さくより乾燥しています。

イラスト／イソベサキ

②環境

食べられる家の住人？

主食であるユーカリはオーストラリアの代表的な樹。森林の77%（90%）がユーカリといわれています。ただし350種類ほどあるユーカリのうち、ごく一部のみコアラが食べることができ、その木の育つ場所が生息地となります。コアラは巣を持たず、常に新鮮なユーカリを求めます。また食べる木と暮らす木を分けるなどユーカリに依存しながらも、強いこだわりがあるようです。動物園でも用意したユーカリを食べてくれないなど飼育員さん泣かせの一面も。

恐ろしい天敵

天敵となる野生生物は上空からはオニアオバズク（フクロウ科）やオオイヌワシ（タカ科）などの猛禽類。樹上では自由に行き来するニシキヘビ。地表ではほかの木へ移動するために降りてくるコアラを待ち構えています。野犬のディンゴ（野生化したイヌの仲間）や住宅地では飼い犬やノネコも危険な存在。特に母子や若い個体はかっこうのターゲットです。

コアラ密度

広いオーストラリア大陸の中でもコアラの生息地として相応しい範囲は限られています。オーストラリアに生育する何百種類ものユーカリのうち、コアラが食べられる品種はほんの一握り。もしユーカリを食べ尽くしてしまえばその場所で生きられません。コアラたちを養うのには、森林の再生サイクルを回すのにが十分なキャパシティが必要です。

生息地の喪失

人間による環境破壊はオーストラリアに限らず地球規模で続けられ、異常気象による様々な被害をもたらしました。2019年から2020年にかけて発生した大規模な森林火災では、多くのコアラが逃げ遅れ、約6万頭の命が失われました。野生の生息数は20年で3割減少したと推測され、オーストラリア政府は2022年に絶滅危惧種に選定しました。

優れた環境

ユーカリの森林地域を必要としているのはコアラだけではありません。ユーカリは水分量が豊富な土壌に育つため、その土地は人間にとっても暮らしやすい地域です。ヨーロッパからの入植者たちは現在のコアラの生息地である東海岸沿いを農場や都市をつくるため開発を進めました。現在にいたっても都市開発を進めコアラの生息地が奪われています。

③形態

樹上での生活への適応

フサフサの被毛もさることながら、コアラの真ん丸な体型は大人でも愛らしさを感じずにいられません。もちろんこの体型は環境に合わせて変化した進化のあらわれ。そして、ここでもユーカリの強い影響をうかがわせます。硬くて栄養がないユーカリの葉を消化するため長い腸が必要となり、その腸を収めるお腹がぽっこりと膨らみました。ユーカリの樹上暮らしがコアラのかわいいポイントとなりました。

コアラの感覚世界

コアラにはユーカリの匂いをかぎ分ける優れた嗅覚があります。ユーカリの葉が好みのものかどうか判別しています。また縄張りを争ったり、交尾相手を探したりする際に、仲間の匂いを嗅ぎコミュニケーションにも役立てています。この嗅覚は生まれた時から発達しています。聴覚も優れていて、視力が良くない分を聴覚と嗅覚で補い情報収集をしています。

たまごのような骨格

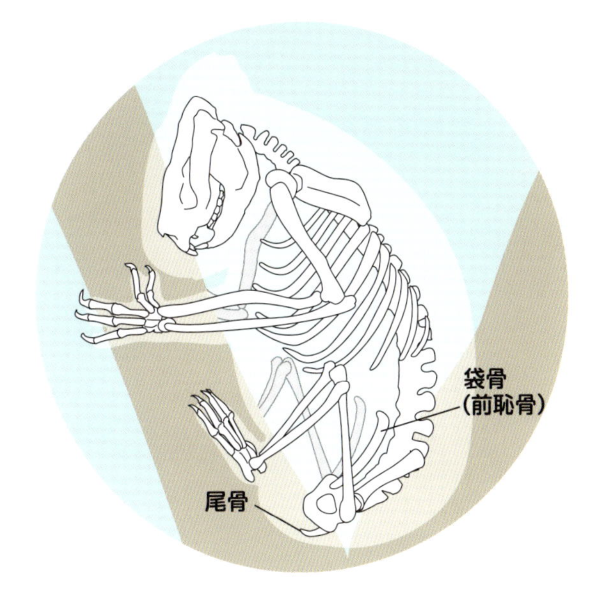

体に比べて大きめの頭部。湾曲した背骨の影響で全体的に丸みがあり可愛らしい体型をしています。尻尾がないコアラは人と同じように尻尾の名残の「尾骨」があります。コアラを含めた有袋類の袋（育児のう）を支えるための2本の袋骨（前恥骨）も恥骨についているのも確認できます。袋骨は歩行を安定させる役割もあり、袋のないオスにもあります。

硬い被毛　被毛は高密度

全身を包む毛の中で背中の毛が最も厚みがあります。そのためユーカリの木の高所で強風にさらされても体温を奪われることはありません。有袋類の中では断熱性が一番。雨が降れば高密度の被毛が雨を弾き、腹部の毛は背中と長さがほぼ同じですが密度は背中の半分程度。個々に違いがあるお尻の斑点模様は下から見たときのカモフラージュ効果という説も。

木に特化した足

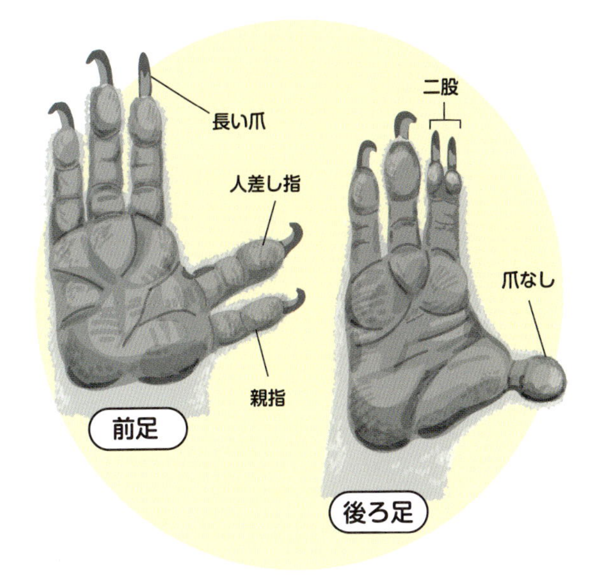

前足、後ろ足の形状はまさに木登りに特化されたもの。コアラの指の付き方を自分の指と比較して見てください。指は木をしっかり握りやすいように配置され、大きい鉤爪があります。スパイクのような役割で滑り止めになる指紋も。後ろ足の二股になった人差し指と中指は、グルーミングに使っています。樹上生活に相応しい体型や手足のつくりをしています。

④身体能力

意外と俊敏な動き

栄養価の少ないユーカリが主食である以上、無駄にカロリーを消費しないよう習慣づいています。長い睡眠時間や、起きていてもなるべく動かず、葉を食べる姿は俊敏さとは無縁の印象。ただし、コアラは必要となれば簡単にのんびり屋を返上できるのです。実はふわふわの被毛の下は脂肪がほぼないと言われていてるほど筋肉質。コアラを飼育する園でもジャンプしやすいように止まり木が配置されていて、コアラの優れた運動能力を目撃できます。

ジャンプ木渡り

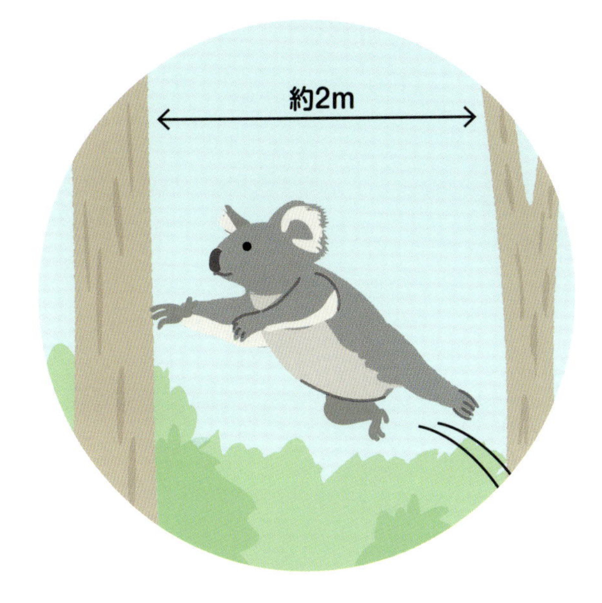

コアラは木から下りて地面を歩いて別の木に移動しますが、近いところの枝には下りずにジャンプして跳び移ることも。その際、木を蹴り上げジャンプしたら落ちないよう爪でしっかり木の幹を掴みます。隣の木のユーカリを食べる時などに頻繁に跳び移ります。動物園では隣り合う木の枝を約2mほど離して設置しているので、その動きを観察できます。

1日のスケジュール

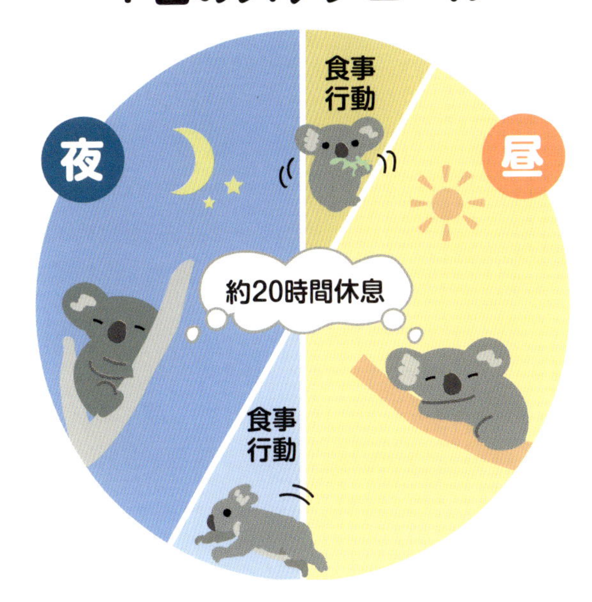

コアラは1日に約20時間休息するといわれています。休息は睡眠をしたり、目が覚めていてものんびりとくつろぎ、なるべく体力を使わないように過ごしています。起きている4時間のスケジュールは、ほとんどが食事。残りの時間で移動をしたり、体のお手入れの毛づくろいに勤しみます。他のコアラとコミュニケーションを取ることもあります。

意外に早い

樹木間を横に移動したり、一本の木を登ったり降りたりの上下移動するコアラ。移動は時に地表で行うこともあります。飛び移りが出来なかったり、その地域を離れる時です。手足をつけての4足歩行は少々ぎこちない動きですが、敵に追われた時など緊急の時に限ります。ダッシュで走ることもあり、その速度は時速25キロともいわれています。

安定の寝姿

コアラは表面がすべりやすいユーカリの木でも長時間の睡眠を可能にする能力が備わっています。それが尻尾のない丸いお尻です。器用に木の股にすっぽりとお尻をはめ込み固定させることができるのです。ユーカリを食べながら移動し、ユーカリの木に巣を作ることはしません。出袋するまでは子育ても袋の中で行い、身一つで全てを賄っています。

⑤暮らし

コアラの社会

外見の印象や、動物園では飼育員さんが直接触れていることもあり、おとなしい印象のあるコアラ。実は威嚇をしたり実際に手がでる攻撃的な面をもっています。とくに縄張り争いは激しく、ユーカリを確保したり、メスを巡って他のオスを排除しようとします。最終的にはメスに選択権があり、必ず繁殖ができるとは限りません。それでも、近くにいるという距離的優位は確保できるのでチャンスは弱いオスの何倍もあります。

単独行動

もともと野生下ではコアラは単独行動をとる動物。ユーカリの条件が良い場所でマーキングをして自身の縄張りを誇示するといわれています。成長と共に範囲を広げていくため先住のオスが、若いオスを発見すると排除する動きもみられます。繁殖期以外では特定のメスとペアになることはありません。赤ちゃんのときは他のコアラと一緒に暮らすこともあります。

縄張り

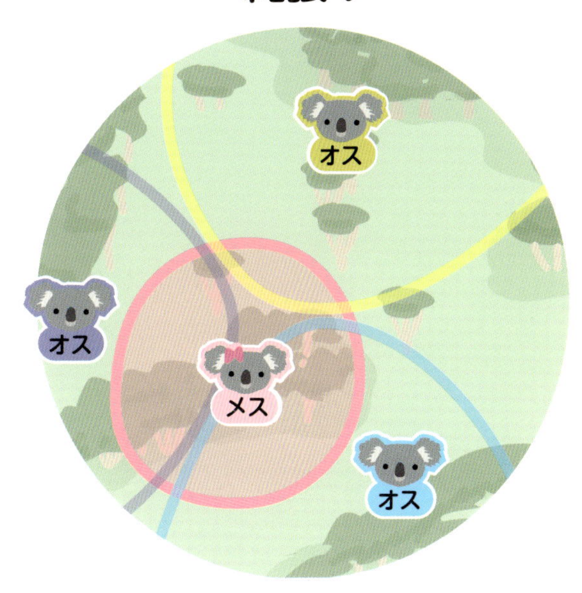

通常単独で生活しているコアラですが、活発に交流するのが繁殖期。おのおの縄張りを持っていてその広さはオスで1万5000〜3万平方メートル、メスや若いオスは5千〜1万平方メートル程。通常オスは縄張りが重なることはありませんが、メスとは一部重複しています。とはいえオスとメスが仲良く行動を共にするわけではありません。

飼育下は寿命はながい

野生のコアラの平均寿命は、オス10年、メス12年。メスの方が長生きなのはオスはオス同士の闘争の際の怪我などで、命を落とすことがあるからです。また天敵や環境破壊の影響など命の危険はいくつもあります。飼育下での平均寿命は13〜15年。2022年に亡くなった淡路ファームパークイングランドの丘の「みどり」は25歳で世界最高齢でした。

恋敵との争い

縄張りを確保するため、日々小競り合いはありますが、本格的な戦いに発展するのはやはり繁殖期。かわいい見た目とのんびりとした動きのコアラのケンカは熾烈を極めます。取っ組み合いから武器であるかぎ爪で引っ掻き会い、噛みつきまで発展したら、流血は避けられません。メスはケンカには介入せず、勝った強いオスとちゃっかり交尾をします。

⑥ユーカリと食寝ずの戦い

動物や虫に食べられないように、葉の部分に青酸化合物という毒性のある成分をつくりだしたユーカリの木。コアラはそんなユーカリをあえて主食に選び、現在まで生き伸びてきました。その代わり、コアラの体内では腸内にいる何百万もの微生物や肝臓の解毒作用で毒を無力化しています。ユーカリの毒素との戦いは日夜続いてるのです。

数百種中の一割

オーストラリアの森林の90%以上を占めているユーカリ。コアラにとって食べ物が豊富にみえますが、実は600以上の品種があり、それぞれ特徴が異なります。コアラが食べられる種は約30種類。また個体ごとの好みもあり、最終的な選択肢は10種類程度しかありません。好みのユーカリは母親の好みであり離乳食や母と一緒に食べた味が基準となります。

ユーカリの特徴

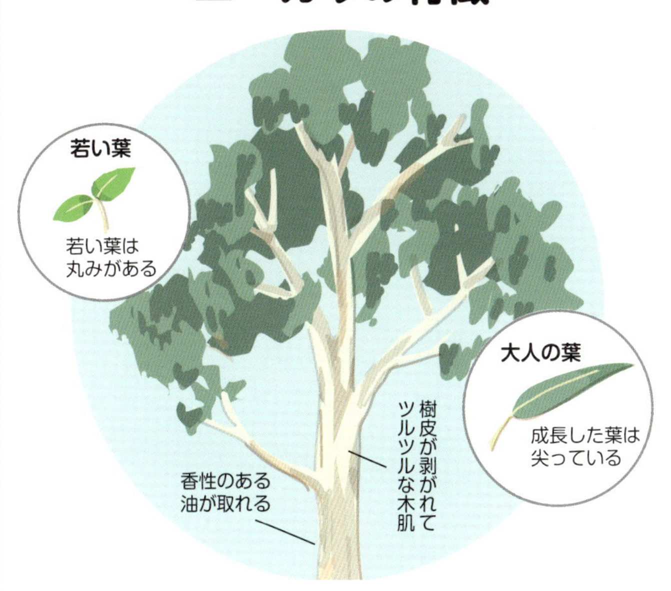

ユーカリはオーストラリア大陸の東部と南東部の森林のほとんどを占めているオーストラリア原産の木。1年中緑の葉が繁る常緑樹で、成長スピードが速く、100メートル越えの木も珍しくありません。これはユーカリの根が地中深く伸び、地下水を吸い上げることができるため。コアラはユーカリの葉を食べて水分補給をしています。

消化は長い盲腸で

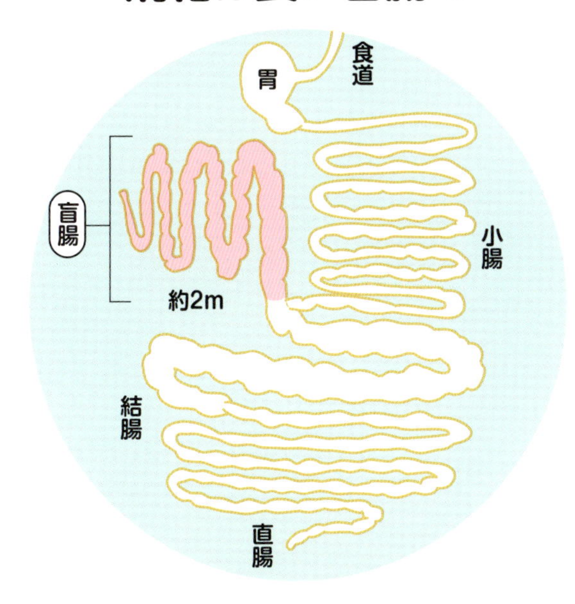

盲腸は腸が分岐して行き止まりになっている器官。草食動物はここにある腸内細菌によって葉の繊維を分解します。コアラの盲腸は体の大きさの約3倍。2mもの長い盲腸の中でユーカリが分解されます。因みに馬は1m、人間は5cmの長さ。硬くて消化しづらいユーカリも最後にはドングリ大のコロコロとしたフンとなり地表に落とされます。

食べ方と歯

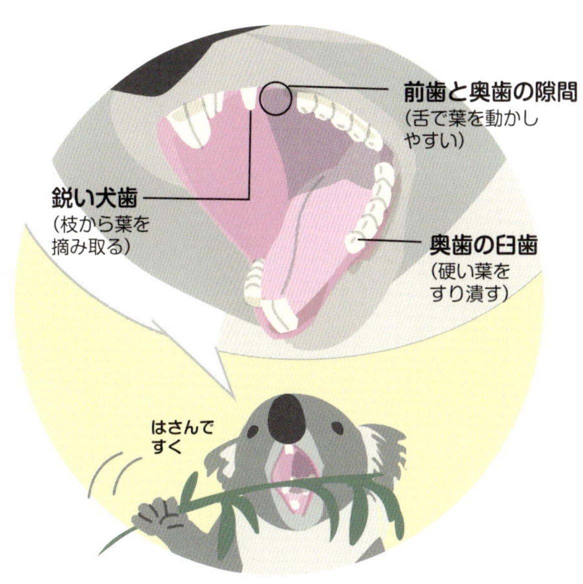

コアラが消費するユーカリの葉は1日50～100枚ほど。体重の10分の1の量と言われています。油分が含まれた葉は、消化しにくくオオフクロモモンガとリングテールポッサム以外の動物は敬遠します。繊維質が多く、葉は奥にある上下10本の臼歯ですり潰します。器用に枝をくわえて葉をすき取ったり、歯の形状もユーカリと相性がいいようです。

⑦繁殖

別人になる季節

哺乳類の一部の種には発情期があります。一般的には生息する地域の自然環境に合わせ、最も適した時期（春〜初夏）に出産できるよう時期や期間が異なります。南半球で暮らすコアラの場合、メスの発情は9月〜12月頃に行動が活発化します。メスの発情を感知したオスは大きな声をだしたり、フェロモンでメスにアピールし交尾のタイミングをはかります。

マーキング

オスの胸元の臭線は、繁殖期に臭いのある液体が分泌されます。油状でべたついた分泌液は褐色で白い胸元が茶色に汚れて目立ちます。この臭いはメスを引き寄せるものでユーカリの香りに似た強い臭いです。頻繁に木の幹に臭線をこすりつけるのは他のコアラとのコミュニケーション。メスを引き寄せるためと縄張りを主張するためにするマーキングです。

コアラの雌雄差

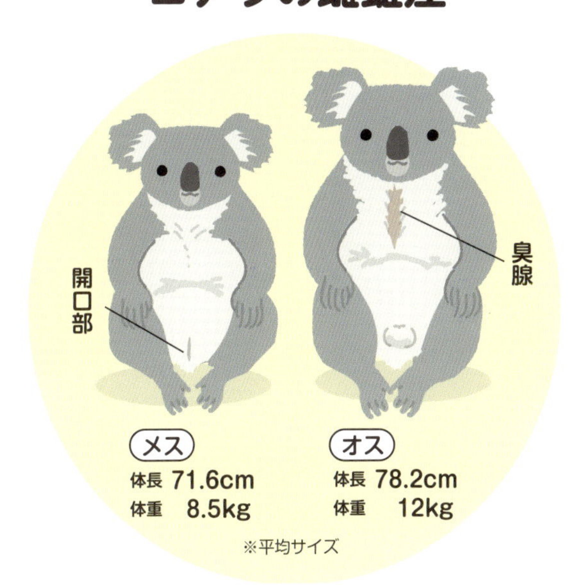

コアラのオスとメスの見た目は基本的にはほぼ同じ。オスはメスの約1.5倍ほど体が大きいのですが動物園での見分けはちょっと難しいかもしれません。成人するとオスは睾丸が見えることと、臭線という胸元に一本の縦線が現れます。メスはお腹に袋（育児のう）が備わっていますが、わかりづらいことも。赤ちゃんが成長してはじめて存在を確認できます。

繁殖行動

コアラは、3～4歳になると繁殖のできる年齢になります。繁殖期の8月から2月の期間は通常より動きが活発となり、発情している繁殖相手を探します。相手を定めたらオスはメスに背後から近づき木の上で2分程の交尾時間。オスが近づいても決定権はメスにあり、交尾が成立しなかったメスは、4～5週間ごとに発情を繰り返し新たな相手を求めます。

ディスプレーは声

嗅覚がすぐれているため、マーキングなど臭いで自己主張するコアラですが、コアラは聴覚も発達しています。オスは声でもメスにアピールしています。この鳴き声はかわいいコアラらしくない声で、まるで怪獣のような叫び声です。1頭のオスが泣き出すと負けじと他のオスが声をかき消すように大きく発声。約1km先まで届くと言われています。

⑧成長

初めての冒険

コアラの赤ちゃんは受胎後、わずか35日の妊娠期間を経て誕生します。赤ちゃんというより胎児のような姿で、産道から袋の中へ這って進みます。目も耳もない赤ちゃんの頼りは嗅覚と前足の力だけ。袋の中にたどり着いたら毎日おっぱいをたくさん吸って袋の中でゆっくりと成長していきます。2回目の誕生のような出袋（袋から外へでてくる）に備えます。こうした未熟の状態で生まれ袋の中で育つのは、有袋類に共通した特徴です。

母に学ぶ

赤ちゃんは生後7ヶ月程で、袋には戻らず母親の体にまとわりつきます。お乳は袋の中に顔をいれて飲みますが、バップを食べ続けていくうちにユーカリの葉も食べ始めます。この時期は母子は常に一緒に過ごしコアラが食べることができるユーカリの臭いや味を覚えています。さらに成長すると母の背中に乗り、木の登り方や体の動かし方を身につけます。

袋（育児のう）の中

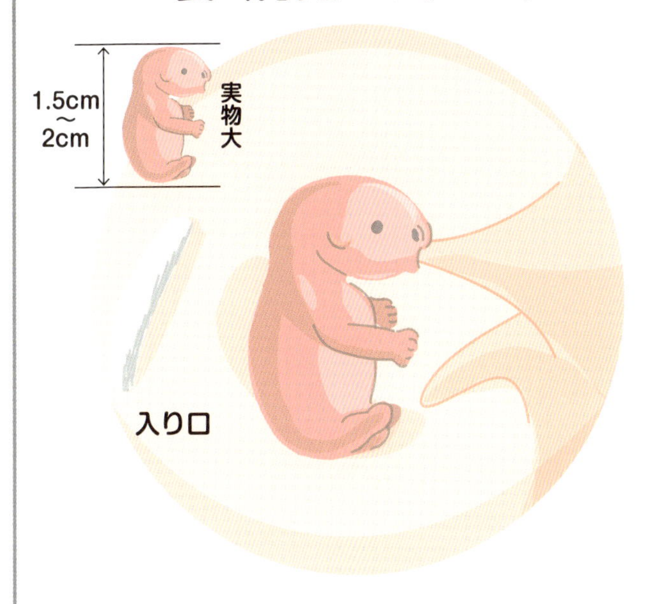

実物大にあるようにとても小さな赤ちゃんは体重も1グラム未満。この小さな赤ちゃんは袋の中にある2つのうちのひとつの乳首を咥えると、乳首の先が膨らみ口と完全に接着します。目が開く22週も越え半年程このまま母親のミルクを飲んでゆっくりと成長していきます。体が大きくなり、時おり袋から顔を覗かせるその姿は、まだ毛がなくピンク色。

独り立ち

子が乳離れをするのは生後1年程。体重はずっしり2キロを越えるようになり、母も背中に乗せなくなります。母子の強い結びつきは次の妊娠をするまで。たとえ次の赤ちゃんが生まれても子は母の近くにいて1年程暮らします。完全に独り立ちをするのは、メスは約2歳でオスは約4歳（性成熟）になってから。縄張りや繁殖相手を求めて新天地へ移ります。

離乳食

赤ちゃんが育つ袋の開口部は下向きです。そのせいか大きくなった赤ちゃんの顔は、お母さんコアラの排泄孔のすぐ上。生後約22～30週頃、そこから「バップ」という離乳食を赤ちゃんは食べ始めます。バップは母親の盲腸でつくられる軟便の様な物質で、ユーカリの毒素を分解する微生物が含まれています。バップは約1ヶ月間に渡りつくられます。

⑨進化

何種類もいた祖先

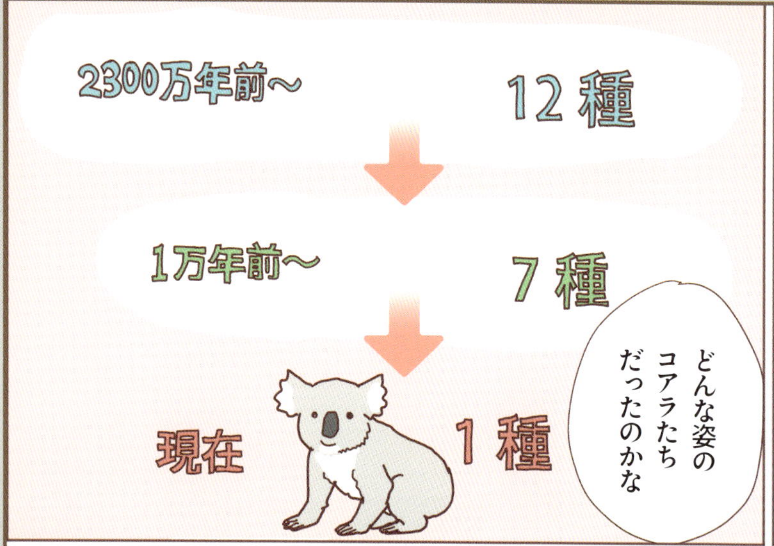

コアラは複数の有袋類の祖先の中から分離しました。その中には現在のカンガルーなども含まれます。コアラの祖先がウォンバットとの共通祖先と別れた後、仲間といえる種類が複数いましたが、次々に絶滅し、現在のコアラの1種しか残りませんでした。絶滅した仲間のうち目の大きい夜行性のリトコアラや、体自体が現在のコアラの1.5〜2倍といわれるジャイアントコアラなどが生息。このコアラは現在のコアラと共存していた期間もありました。

有袋類の分布

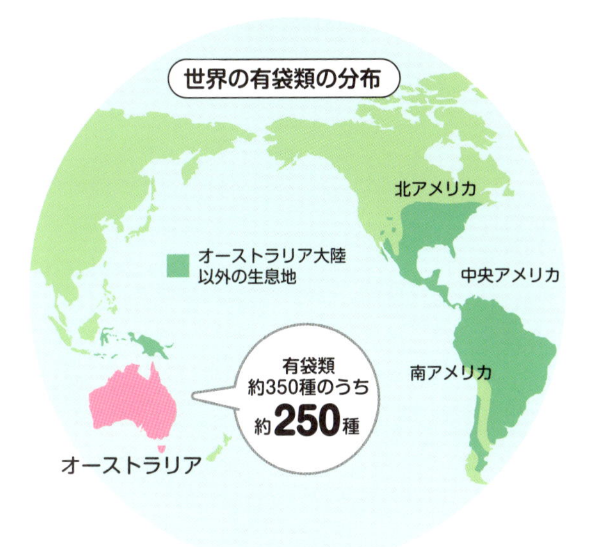

有袋類はオーストラリアのみ生息している印象ですが、約350種のうち、いくつかはオーストラリア大陸以外で生息。中南米に約100種のオポッサム類、北米にキタオポッサム1種がいます。その他、数種はパプアニューギニアやインドネシア（パプア領、スラウェシ島）にも生息。とはいえ最大はオーストラリア大陸で約250種の有袋類が生息しています。

袋の違い

同じ有袋類でも育児のうに違いはあります。たとえば有袋類の代表的な存在のカンガルーは開口部は上。コアラは下向きです。因みに育児のうはポケット型というより巾着のような袋。袋は柔らかく伸縮性があり、赤ちゃんが大きくなってもこぼれ落ちることはありません。またアメリカ大陸の有袋類であるオポッサム類の多くは育児のうをもちません。

袋の仲間

オーストラリア大陸で生息する有袋類は、カンガルーやコアラなど独自の進化をとげたものもありますが、一部は他の地域でもよく見られる見た目をしています。モモンガやリスなどとそっくりな見た目をしています。このように、地理的に分断されても、同じような環境で似たような進化をとげるということを収斂（しゅうれん）進化といいます。

大陸移動

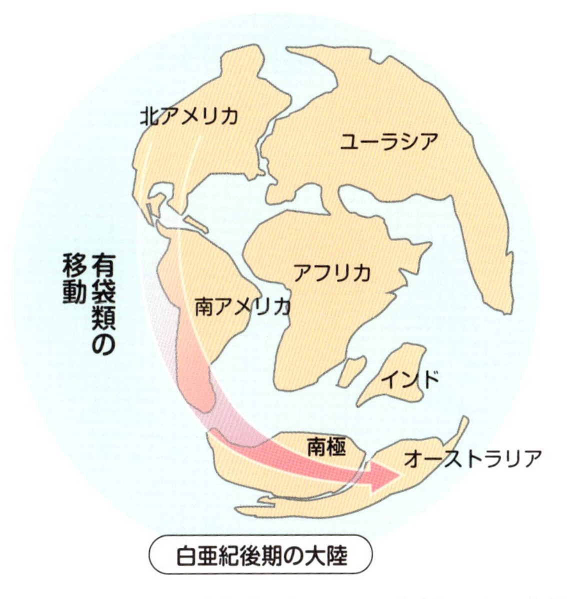

約1億数千万年前に、北半球にあらわれたと考えられる有袋類は大陸が陸続きだったころ、分布を広げました。有袋類がオーストラリアまで移動した後、5つの大陸は地殻移動によって現在の位置へと徐々に離れました。オーストラリア大陸以外では有胎盤類が繁栄し、6600万年前の隕石衝突に伴う気候変動も相まって、北半球の有袋類の絶滅が相次ぎました。

⑩歴史

日本のコアラ史

日本とオーストラリアの友好の証として来日したコアラ。そのかわいさにコアラブームが起こり、東京・名古屋・鹿児島の3つの動物園ではコアラ見たさの行列もできました。各園2頭ずつのコアラは、実は全てオス。翌年にはメスのコアラも7頭来日し、コアラの飼育施設も頭数も増えていきました。ところが2000年頃から飼育数が減少、コアラ飼育を終了する施設もありました。コアラはデリケートな動物でありユーカリの確保も難しいのです。

頭数の減少

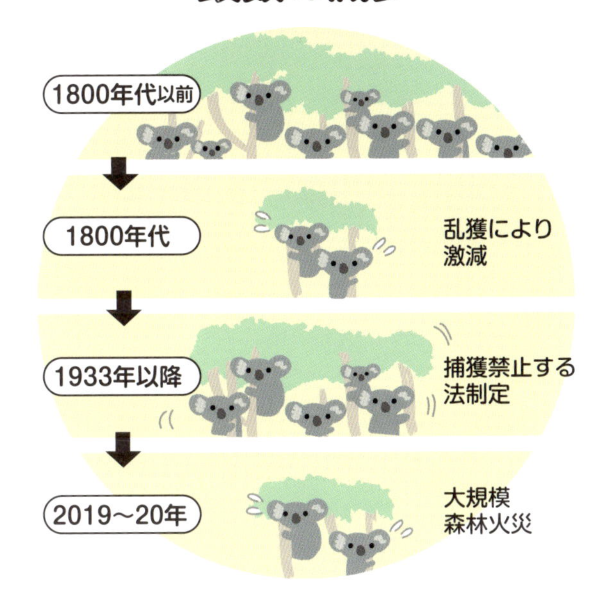

オーストラリア大陸が先住民のみの時代には多くのコアラが生息していました。18世紀にヨーロッパ人がオーストラリアに入植すると、コアラの数は減り続けます。その原因はコアラの毛皮を目的とした乱獲や農地を作るための森林伐採。1924年までに、コアラは一部の地域では絶滅。現在も開発や気候変動の影響をうけています。

オーストラリアの変化

地球規模の大陸移動の末、約4500万年前にオーストラリア大陸が分離。孤立化したオーストラリアの有袋類がコアラの祖先へ進化しました。植物も大陸の気候が変化すると、一部が乾燥に強いユーカリとして進化しコアラの食料となりました。6万年以上前に先住民は、大陸に到着したと推察されています。

コアラ会議

公益財団法人 日本動物園水族館協会
生物多様性委員会 コアラ計画推進会議

年1回、日本のコアラを飼育する7つの園が集まり意見交換する「コアラ会議」。一番のテーマは国内コアラの頭数管理です。個体の血統や相性などに配慮したペア形成を検討したり、飼育情報を共有したりと園間の連携を強固にしています。開催場所は各園で持ち回り。コアラの飼育管理だけでなく、ユーカリの栽培技術向上も図ることができる貴重な会議です。

日本のコアラ飼育の歴史

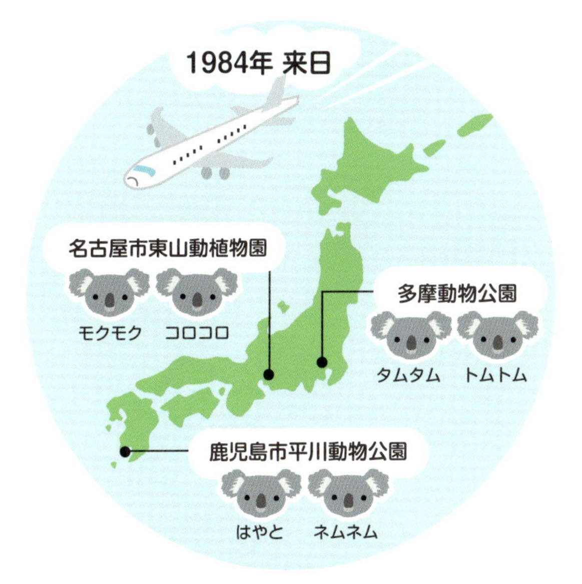

コアラが初めてオーストラリアから来日したのは1984年。迎えたコアラ6頭は3園で2頭ずつの飼育がスタート。86年には名古屋市東山動植物園で初めてコアラの赤ちゃんが誕生。繁殖にも成功し、オーストラリアから新たにコアラを向かえていましたが1997年の96頭をピークにコアラの数は減少。一時期42頭まで減りましたが現在は約60頭に増えています。

野生グラビア

永遠のコアラたち

コアラたちの故郷は雄大なオーストラリアの大地。豊かな自然の中で暮らしていたコアラですが、入植者が大陸を訪れて以来、彼らを取り巻く現状は厳しく、生息地の縮小を余儀なくされています。それでも保護区ではあるけれど、大きく高い木々の間に親子の姿があると心和みます。いつまでもコアラたちに平和な日々が続いて欲しい、そんな思いを込め野生のコアラたちの姿を紹介します。

日本国内動物園リスト
コアラに会いたい

現在、日本国内でコアラに会える施設は7つ。
その全てを訪れ、施設やコアラたちの様子を撮影しました。
また、飼育されているコアラたちをアルバムの形で紹介します。

- 埼玉県こども動物自然公園
- 多摩動物公園
- 横浜市立金沢動物園
- 名古屋市東山動植物園
- 神戸市立王子動物園
- 淡路ファームパーク イングランドの丘
- 鹿児島市平川動物公園

ala Zoo

※本誌掲載の情報およびデータは2025年1月末現在のものです。

Ko

間近でじっくり観察できる

埼玉県こども動物自然公園

（埼玉県・東松山市）

ふく

ふく

ミラ

ふく

飼育員さんに聞きました

Q コアラの1日と飼育スケジュールについて

朝　ほとんど寝ている。
10時半　古いユーカリをはずす時に少し動く。
11時　新しいユーカリを与えると、食べていることが多い。
12時　寝たり休んだりしている。
16時ごろ　再度ユーカリを食べることも。
夕方～早朝　暗い中で活発に動き、ユーカリを食べたり休んだりするのを何度か繰り返している。

Q 飼育上気をつけていることを教えてください

コアラは病気で死亡することが多くなってきて、全体的に寿命が短くなってきているようです。健康状態を毎日観察して変化を見逃さないようにし、外から病気などを持ち込まないように手洗い、消毒をしてから作業しています。エサのユーカリは農薬などを使わずに育てたものをよく洗って与えています。

あまり大きな音を立てないようにするなど注意していますが、飼育スタッフが神経質になりすぎてコアラたちにそれが伝わらないようにしています。

Q 来園者のコアラに対する反応はいかがですか

動いているところを見た来園者は、ジャンプなどを見て歓声をあげています。寝たり休んだりしている時間のほうが圧倒的に長い動物なので、木の上で活発に動く様子に驚く方も多いようです。

寝ている姿を見た来園者からは「ふわふわでぬいぐるみみたい」「いつも寝てるんだね」という声をよく聞きます。

Q コアラのためにした工夫は

樹上性の動物であるコアラの身体能力を発揮できるように、また来園者にもそれを見ていただけるように、できるだけ自然な樹形を活かした止まり木を設置。止まり木どうしの距離を調整している箇所もあるので、ジャンプや、ぶら下がっての移動などの動きが出やすくなっています。

また、餌のユーカリの枝もあまり長さを揃え過ぎず、前あしを伸ばしてユーカリを手繰り寄せて食べるように工夫しています。

Q コアラの注目してほしいところは

かわいらしさに目が行くことも多いと思いますが、樹上での身体能力や、からだのつくりなどもじっくり見てほしいと思います。また、普段は丸くなって寝ていることが多いですが、少し暑い時期は全身脱力したような面白い寝姿が見られることもあります。それぞれの寝姿にも注目していただきたいです。

Q 繁殖についての今後の取り組みは

現在国内では7園でしか飼育していません。頭数も約5～60頭です。飼育園同士で連携しながら計画的に繁殖を進めています。

当園のメス3頭は全頭繁殖に適した年齢で、血統的にも積極的に繁殖させたい個体のため、様子を見ながら繁殖に取り組んでいます。そのうちの1頭、「ふく」は2024年の5月9日に出産し、現在、子育て中です。

コアラ舎入り口

KOALA ALBUM 5

ふく（メス）
2019年6月12日
当園生まれ

コハル（メス）
2019年4月2日
当園生まれ

ソラ（オス）
2020年6月14日
鹿児島市平川動物公園生まれ

赤ちゃん（名称未定・メス）
2024年5月9日
当園生まれ

ミラ（メス）
2021年4月30日
当園生まれ

埼玉県こども動物自然公園
〒355-0065
埼玉県東松山市岩殿554
TEL 0493-35-1234
https://www.parks.or.jp/sczoo/

※休園日、入園料、開園時間は公式サイトでご確認ください。

写真提供：埼玉県こども動物自然公園

広々とした円形展示室

多摩動物公園

（東京都·日野市）

あずま

きらら

こまち

あずま

あずま　こまち

きらら

飼育員さんに聞きました

Q コアラの1日と飼育スケジュールについて

動物なので、いつも同じ行動ではありません。コアラは夜行性で、どちらかというと夜間の方が動いています。

朝　ユーカリの交換（1日1回）をする。

午前　採食量のチェック。コアラの様子、糞の状態などの観察。夜間のビデオチェックにより健康状態の確認。

午後　清掃。

15時頃　消灯時間。徐々に明かりを暗くする。夜も夜間カメラで撮影するため薄明るくしています。

その他　週1回の体重測定。必要に応じて爪切りなど。日誌記入も行う。

Q 飼育上気をつけていることを教えてください

コアラはユーカリしか食べないというのが最大の特徴で、飼育するのが難しいところです。ユーカリを安定して供給することができるかどうかはコアラの命にかかわる重要な問題。このため、台風などの自然災害、異常気象によるユーカリの不足、輸送のための交通が止まるなどのリスク分散のため、多摩動物公園内の他、国内5カ所（都立公園1か所、大島、八丈島、千葉県、和歌山県）でユーカリを栽培しています。ユーカリは寒さに弱いため、冬季は南方の※圃場を使っています。

また、コアラはストレスに弱いため、病気が発症しないようストレスになるものを除く必要があります。常に体調の小さな変化も見逃さないようにしています。

Q 来園者のコアラに対する反応はいかがですか

コアラは寝ていることが多いので、動いているときやエサを食べている時によく観察しています。

Q コアラのためにした工夫は

コアラがユーカリの入ったポットの上に座ることがあるため、ポットを木に掛ける際、その掛け方に工夫をしています。座ってしまうとユーカリが折れてしまったり、枝が広がって食べられなくなったりしてしまうので、ポットを掛ける位置に工夫を凝らすことを心掛けています。

Q コアラの注目してほしいところは

かわいらしさが注目されがちですが、有袋類という独特の生態や樹上生活に特化した体のつくりなど、コアラのふしぎに気づいてほしいです。

また、野生下では交通事故や森林伐採、山火事等の影響で生息数が減少していて、絶滅が危惧されている地域もあるということにも目を向けてほしいです。

Q 繁殖についての今後の取り組みは

コアラの飼育にはユーカリが欠かせないため、全国のコアラ飼育園でコアラ用に栽培しているユーカリの本数に基づき、飼育頭数は限られています。日本のコアラをこの先も絶やさず飼育していくためには、国内の動物園が協力してよりよい組み合わせのペアを計画的に作り、限られた頭数の中で安全に繁殖を進めていくことを心掛けています。

コアラ館入り口　写真提供：(公財)東京動物園協会

※作物を栽培する場所

KOALA ALBUM 5

チャーリー（オス）
2014年11月27日
名古屋市東山動植物園生まれ

きんとき（オス）
2022年6月25日
当園生まれ

あずま（メス）
2021年5月18日
当園生まれ

こまち（メス）
2017年4月27日
名古屋市東山動植物園生まれ

きらら（メス）
2018年9月6日
名古屋市東山動植物園生まれ

多摩動物公園

〒191-0042
東京都日野市程久保７丁目1-1
TEL 042-591-1611
https://www.tokyo-zoo.net/zoo/tama/

※休園日、入園料、開園時間は公式サイトでご確認ください。

写真提供：（公財）東京動物園協会

きらら

きんとき

たんぽぽ

ハリー

オセアニアの動物もたくさんいる

横浜市立
金沢動物園

（神奈川県・横浜市）

ハリー

ひなぎく

ハリー

たんぽぽ

コロン

飼育員さんに聞きました

Q コアラの1日と飼育スケジュールについて

朝　一頭一頭挨拶しながらコアラたちの様子やユーカリの採食具合を確認。その後、掃き掃除をしながら糞の数や状態をチェック。

午前中　その日にあげるユーカリの計量をし、ポットと呼ばれる筒に詰める。

昼食前くらい　展示場につけてある前日のポットと交換をすると、コアラたちが起きてきて新鮮なユーカリを食べ始める。

午後　前日のユーカリの残量を計量して採食量を計る。コアラたちの様子を24時間録画しているので、夜間の行動をモニターで確認。

夕方　ポットの位置を変えてユーカリの採食を促す。コアラたちにおやすみの挨拶をして消灯。

Q 飼育上気をつけていることを教えてください

衛生面には気をつけています。長靴はコアラ舎専用のものに履き替え、消毒をする踏み込み槽はコアラの展示場に入る前に2カ所設置。必ず手指の消毒も行います。コアラはストレスが引き金となり、病気を発症してしまう可能性が高いため、コアラたちにできるだけストレスを与えないよう、飼育員たちはいつも心を穏やかにして接しています。個人的なイライラや悩みを持ち込まないように展示場に入る前に心のスイッチを切り替えます。

Q 来園者のコアラに対する反応はいかがですか

ユーカリ交換の時間に丁度お越しになった来園者は、ニコニコ嬉しそうに見学をしています。その様子を見るのがなにより嬉しい時間です。

コアラたちにはそれぞれ個性があり、その特徴は看板に個体の写真入りで掲載しているので、何度も来園する方は個体の名前や性格をしっかりと把握し観察しています。

Q コアラのためにした工夫は

ユーカリしか食べない動物なので、できるだけたくさん食べてもらいたいのですが、ユーカリにも種類があり、それぞれ好みが違い、好きな品種でも同じものが続くと食べなくなってしまうこともあります。そのため、冷蔵庫にあるユーカリの状態や品種を見て、あらかじめ3～4日分の献立を立てています。同じ品種でも産地が違うと食べるため、産地を混ぜながら献立を作ったりしています。

Q コアラの注目してほしいところは

寝ている時間が長いコアラですが、開園中でも起きていることがあります。当園では、お昼前のユーカリ交換の時間と夕方の閉園間際は起きていることが多いです。

メスは複数で一緒に暮らしているので、個体同士の関わりも面白いと思います。

Q 繁殖についての今後の取り組みは

国内でコアラを飼育している7園館で血統を管理しながら、それぞれの園の事情を考え、繁殖に取り組んでいます。新しいペアを作るために他園へ移動、迎え入れをしながら、できるだけ多くのコアラが繁殖に取り組めるよう考えています。

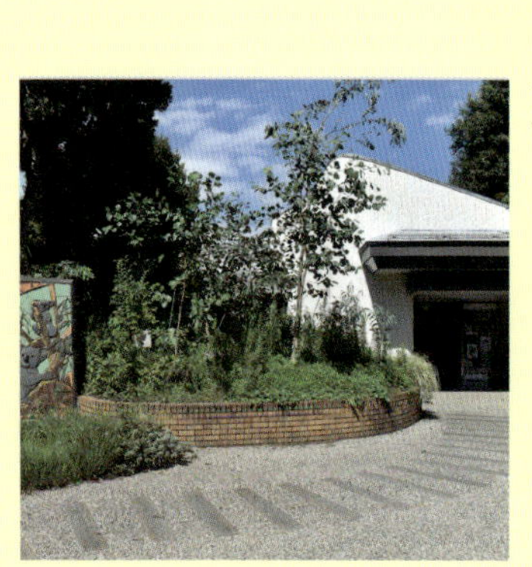
コアラ舎入り口

KOALA ALBUM 5

赤ちゃん(名前未定)
2024年4月22日
当園生まれ

ひなぎく(メス)
2021年12月15日
当園生まれ

たんぽぽ(メス)
2020年4月26日
当園生まれ

コロン(オス)
2014年11月22日
鹿児島市平川動物公園生まれ

ハリー(オス)
2022年4月22日
当園生まれ

横浜市立金沢動物園
〒236-0042
神奈川県横浜市金沢区釜利谷東5丁目15-1
TEL 045-783-9100
https://www.hama-midorinokyokai.or.jp/zoo/kanazawa/

※休園日、入園料、開園時間は公式サイトでご確認ください。

写真提供:金沢動物園

ハリー

ハリー

新たにオーストラリアのコアラも加わった

名古屋市 東山動植物園

（愛知県・名古屋市）

ししお

ななみ

ホリー

だいふく

写真提供:名古屋市東山動植物園

写真提供:名古屋市東山動植物園

2024年タロンガ動物園から来園したスカイ

飼育員さんに聞きました

Q コアラの1日と飼育スケジュールについて

朝　コアラの様子を見て、いつもと違うところ（ケガや鼻水など）がないかをチェック。同時に昨日与えたエサをどれだけ食べているかを確認します。

13時　エサを交換。その後、どのように食べているかをしばらく観察。

夕方　ユーカリの搬入や仕分けの作業をしつつ、業務の合間の時間でビデオチェック。夕方も朝と同じようにすべてのコアラをチェック。

夜　夜間の行動や、採食時間などをモニターで確認し、終了。

Q 飼育上気をつけていることを教えてください

コアラはあまり動かず、寝てばかりいるため体調の良し悪しが分かりにくい動物です。

そのためにビデオカメラで24時間の行動を録画し、細かくチェックしています。採食時間や排尿の回数、特に夜間の行動などを気をつけて確認しています。

月に一度実施する体重測定も絶対に欠かせません。体重が減っていないかを確認する重要な作業です。

Q 来園者のコアラに対する反応はいかがですか

コアラのことを嫌いと言っている人を聞いたことがないくらいどんな人からも愛されています。当園では一番人気のある動物がコアラです。

Q コアラのためにした工夫は

ユーカリを、個体の採食状況や体調、好みに合わせて仕分けし、一頭一頭個別に与えています。無造作に置かず、食べやすいようにユーカリの向きも考えています。

Q コアラの注目してほしいところは

コアラが※グルーミングをしているところがかわいいとです。神経質だったり、おっとりだったり、一頭一頭の特徴がどこにあるのか探しながら見てもらうといろいろな発見があって楽しいと思います。

Q 繁殖についての今後の取り組みは

名古屋市東山動植物園の姉妹動物園であるオーストラリア・シドニーのタロンガ動物園からオスのコアラ「スカイ」が昨年来園。国内のコアラにとっては貴重な国外の血統であるため積極的に繁殖に取り組んでいきたいと思います。

※毛づくろいなど、自らの体を清潔に保つ行動

KOALA ALBUM 10

ワトル（メス）
2020年5月14日
当園生まれ

りん（メス）
2017年8月23日
当園生まれ

ホリー（メス）
2013年12月25日
タロンガ動物園生まれ
（オーストラリア）

もなか（オス）
2023年10月20日
当園生まれ

おもち（メス）
2022年3月21日
当園生まれ

だいふく（オス）
2022年3月14日
当園生まれ

スカイ（オス）
2022年4月22日
タロンガ動物園生まれ
（オーストラリア）

イシン（オス）
2017年5月14日
鹿児島市平川動物公園生まれ

ししお（オス）
2022年4月4日
当園生まれ

名古屋市東山動植物園

〒464-0804
愛知県名古屋市千種区東山元町3丁目70
TEL 052-782-2111
https://www.higashiyama.city.nagoya.jp/

※休園日、入園料、開園時間は公式サイトでご確認ください。

ななみ（メス）
2018年7月7日
当園生まれ

写真提供：名古屋市東山動植物園

もなか

おもち

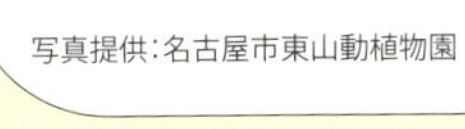

シャイニー

エマ

広い展示場でゆっくり観察できる

神戸市立
王子動物園

（兵庫県・神戸市）

エマ

エマ

オウカ

エマ

シャイニー

イツキ

健康診断の様子

イツキ

飼育員さんに聞きました

Q コアラの1日と飼育スケジュールについて

13時頃　新鮮なものに交換されたユーカリを食べ始める。

夕方　1頭ずつ与えられるユーカリペーストを舐めたり、木の上でまどろんだり、ゆったりとした時間を過ごしています。

閉園後　消灯し、就寝時間。ただし、半夜行性の動物なので暗がりで起き出して活発に行動することも。

Q 飼育上気をつけていることを教えてください

当園では週に一度、獣医によるコアラたちの健康診断を実施（体重測定、聴診、採血、超音波検査など）。早期に病気を発見できるよう体調管理に努めています。診断時にできるだけストレスがかからないよう、優しく慎重に移動したり、一連の健康診断に慣れてもらうよう日頃からトレーニングも行っています。

Q 来園者のコアラに対する反応はいかがですか

やはり「かわいい」という反応が一番多く、個体ごとのプロフィール看板、コアラの生態やユーカリに関する基礎知識を書いた掲示物を熱心にご覧になる来園者もいます。かわいいだけにとどまらず、今、世界でコアラたちがどんな状況におかれているかに目を向け、コアラの興味深い生態をたくさん知ってもらいたいと思います。

Q コアラのためにした工夫は

コアラのエサとなるユーカリは、鹿児島県や岡山県などに栽培を依頼していますが、園内でも栽培し、時々園内の新鮮なユーカリを与えています。騒音に※馴化させるため、展示場内で自然環境音（風や鳥、虫など自然界に流れる音）を流しています。

Q コアラの注目してほしいところは

見た目の個性以外にも、個々の行動や性格の違いも観察してほしいと思います。

Q 繁殖についての今後の取り組みは

国内7園館で十分に協議の上、作成された計画に基づき各園館が協力しながら繁殖に取り組んでいます。

動物とこどもの国エリア「コアラ舎」

※刺激に対して鈍感になること

KOALA ALBUM 7

シャイニー（メス）
2021年5月13日
当園生まれ

イツキ（オス）
2020年4月3日
鹿児島市平川動物公園生まれ

いぶき（オス）
2020年8月27日
名古屋市東山動植物園生まれ

オウカ（メス）
2016年9月25日
当園生まれ

エマ（メス）
2018年12月6日
当園生まれ

ハナ（メス）
2019年5月20日
当園生まれ

神戸市立王子動物園
〒657-0838 兵庫県神戸市灘区王子町3丁目1
TEL 078-861-5624
https://www.kobe-ojizoo.jp/

※休園日、入園料、開園時間は公式サイトでご確認ください。

写真提供：神戸市立王子動物園

赤ちゃん（名前未定）
2024年６月12日
当園生まれ

エマ

イツキ

ハナ

国内で唯一南方系コアラに会える

淡路ファームパーク イングランドの丘

（兵庫県・南あわじ市）

ナギ

ピーター

ピーター

国内ではここでしか展示していない南方系コアラ

飼育員さんに聞きました

Q コアラの1日と飼育スケジュールについて

朝　飼育展示施設の安全確認とコアラたちに異常がないかなどを確認。その後、夜間のコアラたちの行動をモニターでチェックし、当日分の餌の準備。

11時30分　餌交換と一緒に展示場の掃除。

午後　ユーカリの収穫や日中のコアラの行動を再びモニターでチェック。コアラたちの動きにパターンはなく、毎日違った時間に主に眠っては起きて、起きては食べてといった生活を送っています。

夕方　一部の餌を入れ替えて、夜間に効率よく食べれるようにして作業終了。

Q 飼育上気をつけていることを教えてください

コアラの展示場に入る際は大きな音や急な動きでびっくりさせないように気をつけています。

コアラは実は縄張り意識の強い動物で、特に繁殖期のオスは追いかけてきて攻撃（縄張りから追い出そうと）してくることもあります。コアラが地面に降りているときは、思わぬ攻撃に備えるとともに、コアラたちを刺激しないよう普段以上に注意しています。

Q 来園者のコアラに対する反応はいかがですか

当園では南方系コアラと北方系コアラの両方を展示しているので、ぜひ見比べて違いを感じていただきたいです。

ほとんどの来園者がコアラに2系統あることをご存じありません。なので飼育員によるガイド『キーパーズトーク』で違いを解説すると興味をもたれ、良い反応が返ってきます。

Q コアラのためにした工夫は

コアラたちにはとまり木にもお気に入りの場所があるため、コアラが運動不足にならないよう、あえて好みのユーカリをお気に入りの場所以外のとまり木に分散させて置くようにしています。そうすることで移動を促し、運動量を増やしています。

コアラの赤ちゃんが生まれるとわかったときは、万が一落下しても大丈夫なように、出産前に床材のクッション性を高めるなど改善を加えました。

コアラは便秘になると極端に食欲が落ちてしまいます。それがもとで体調不良に繋がりやすいので、便秘解消に効くおなかのマッサージを編み出しました。

Q コアラの注目してほしいところは

やはり南方系コアラと北方系コアラの違いに注目していただきたいです。

体の大きさ、毛の長さや色、好みのユーカリの種類などを是非じっくり観察していただきたいです。

Q 繁殖についての今後の取り組みは

南方系コアラについては現在国内には繁殖可能な年齢のメスがいないため、国外から「だいち」のお嫁さんの導入を希望しています。

北方系コアラについては引き続き他園と連携しながら共同繁殖に貢献できたらと考えています。

グリーンヒルエリア「コアラ館」

KOALA ALBUM 5

ナギ（メス）
2023年7月31日
当園生まれ

ピーター（オス）
2016年3月28日
名古屋市東山動植物園生まれ

ウミ（メス）
2014年6月13日
神戸市立王子動物園生まれ

だいち（オス）
2013年8月18日
当園生まれ

のぞみ（メス）
2008年3月1日
ヤンチャップ ナショナルパーク生まれ
（オーストラリア）

淡路ファームパーク イングランドの丘

〒656-0443
兵庫県南あわじ市八木養宜上1401
TEL 0799-43-2626
https://www.england-hill.com/

※休園日、入園料、開園時間は公式サイトでご確認ください。

写真提供：淡路ファームパーク イングランドの丘

のぞみ

ウミ

コアラ飼育数日本一を誇る

鹿児島市
平川動物公園

（鹿児島県・鹿児島市）

ノゾム
アサヒ

ツムギ

ユメ

ユーカリペーストを与えている

アサヒ

飼育員さんに聞きました

遮るものがなく間近で観察できるウォークスルーエリア

写真提供：鹿児島市平川動物公園

Q コアラの1日と飼育スケジュールについて

開園前後　新しいユーカリへ交換、お昼前までに再度ユーカリを追加。

11時　「コアラのお食事タイム」と題してイベントを毎日実施。飼育スタッフによるコアラの生態解説を行っている。

夕方　コアラたちにユーカリをミキサーにかけたペーストを与えることが多いです。※

閉館後　消灯時間。コアラたちは暗闇の中で、ほぼ昼間と変わらないペースを保ち、よく寝て時々動いています。

Q 飼育上気をつけていることを教えてください

コアラは見た目では健康そうにみえても、実は深刻な病が進行しているという事があります。いつでも体調管理に気を配り、日常のほんの些細な違いを見逃さないようにしています。

飼育スタッフが菌やウイルスを持ち込まないように、コアラ舎に入るときは制服を着替えて衛生管理には気を付けています。

Q 来園者のコアラに対する反応はいかがですか

多くの来園者から「かわいい」と言われます。また個体別のプロフィールやコアラの生態解説の掲示物をよく見ていただいています。

コアラの生態は独特なので、さらに興味を持ってもらえるよう工夫をしていきます。

Q コアラのためにした工夫は

園内をはじめ県内各所でユーカリを栽培し、畑の管理には飼育スタッフもたずさわっています。採取したユーカリは、火山灰や虫などを落とす洗浄をし保管しています。

コアラが多くの品種を食べられるようにユーカリが入っている筒の中には複数種のユーカリを混ぜています。

Q コアラの注目してほしいところは

当園はたくさんのコアラを飼育しています。寝ている時間が長いコアラですが、その時にはコアラの顔や体をよく観察してください。一見同じように見えても細かく観察すれば、それぞれの違いや個性を感じてもらえると思います。

Q 繁殖についての今後の取り組みは

国内では7園で合わせて約55頭しかコアラを見ることができません。国内の飼育園館で協力して繁殖が進むように努力しています。

「コアラ館」

※日によって時間が異なることがあります

2024.10.17発売
『すごいコアラ!』
著者:平川動物公園
新潮社

KOALA ALBUM

インディコ(メス)
2019年12月22日
名古屋市東山動植物園 生まれ

キボウ(メス)
2019年10月17日
当園生まれ

ヒマワリ(メス)
2019年6月22日
当園生まれ

リオ(メス)
2015年12月10日
当園生まれ

ユメ(メス)
2015年1月2日
当園生まれ

つくし(メス)
2020年9月3日
名古屋市東山動植物園生まれ

ピース(メス)
2021年6月29日
当園生まれ

カナエ(メス)
2021年6月13日
当園生まれ

ライト(オス)
2021年5月14日
当園生まれ

ヒナタ(メス)
2021年3月27日
当園生まれ

ツムギ(メス)
2023年年5月13日
当園生まれ

アサヒ(オス)
2022年12月9日
当園生まれ

タイヨウ(オス)
2022年8月11日
当園生まれ

アーチャー(オス)
2019年4月26日
ドリームワールド生まれ
(オーストラリア)

ノゾム(オス)
2022年2月26日
当園生まれ

鹿児島市平川動物公園
〒891-0133
鹿児島県鹿児島市平川町5669-1
TEL 099-261-2326
https://hirakawazoo.jp/

※休園日、入園料、開園時間は公式サイトでご確認ください。

赤ちゃん(メス)
2024年6月1日
当園生まれ

スター(オス)
2023年11月18日
当園生まれ

チャーボウ(オス)
2023年10月21日
当園生まれ

アラタ(オス)
2023年6月14日
当園生まれ

写真提供:鹿児島市平川動物公園

飼育員さんが撮影した

赤ちゃんアルバム

日々、コアラたちを大切に見守り、お世話をする飼育員さん。そんな飼育員さんだからこそ撮れる、とっておきの赤ちゃんと親子の写真を集めました。信頼しているからこそ見せるリラックスした表情、ちょっと不機嫌そうな表情。普段私たちはめったに見ることができない数々のショットをお楽しみください。

nd baby

※コアラの赤ちゃんは在園当時の個体。母親は移動および死亡した個体も含まれます。

mom a

写真提供：「ハリー」（横浜市立金沢動物園）

**埼玉県
こども動物
自然公園**

同じ年うまれの赤ちゃん「ふく」と「ビー」

赤ちゃん「ふく」

代理母「クイン」と赤ちゃん「ふく」

mom and baby 飼育員さんが撮影した赤ちゃんアルバム

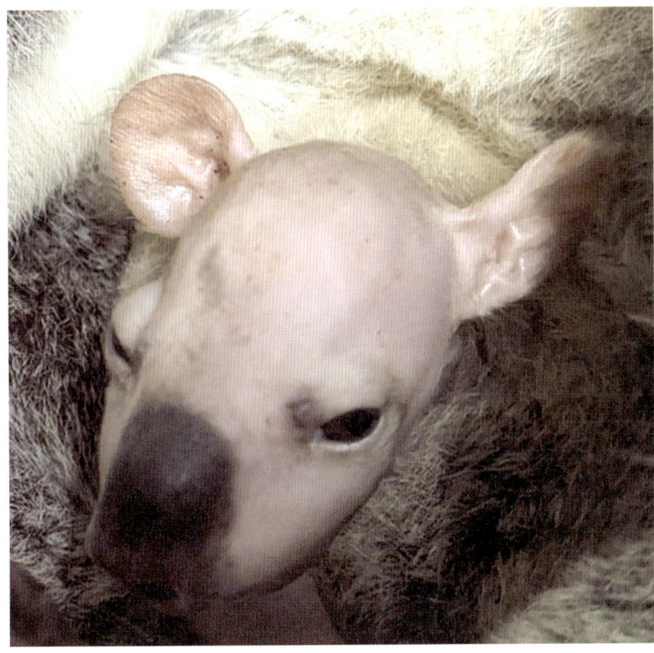

2024年生まれの赤ちゃん

写真提供：埼玉県こども動物自然公園

多摩動物公園

母「こまち」と赤ちゃん「あずま」

写真提供：(公財）東京動物園協会

母「こまち」と赤ちゃん「あずま」

写真提供：（公財）東京動物園協会

2024年生まれの赤ちゃん

写真提供：（公財）東京動物園協会

「あずま」

横浜市立
金沢動物園

写真提供：横浜市立金沢動物園

母「コハル」赤ちゃん「ハリー」

母「ぼたん」赤ちゃん「たんぽぽ」

母「ぼたん」と赤ちゃん「たんぽぽ」

上から「たんぽぽ」「ぼたん」赤ちゃん「ひなぎく」

名古屋市
東山動植物園

「ななみ」

母「りん」赤ちゃん「もなか」

写真提供：名古屋市東山動植物園

「だいふく」

「おもち」

母「ホリー」赤ちゃん「ししお」

神戸市立
王子動物園

母「マイ」赤ちゃん「シャイニー」

写真提供：神戸市立王子動物園

mom and baby

飼育員さんが撮影した 赤ちゃんアルバム

母「ウメ」赤ちゃん「マイ」

「マイ」

母「マイ」赤ちゃん「シャイニー」

淡路ファームパーク
イングランドの丘

「だいち」

「ナギ」

写真提供：淡路ファームパーク イングランドの丘

「ナギ」

mom and baby

飼育員さんが撮影した
赤ちゃんアルバム

「おもち」

「ナギ」

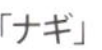

「ナギ」

母「ウミ」 赤ちゃん「ナギ」

鹿児島市
平川動物公園

母「インディコ」赤ちゃん「スター」

「チャーボウ」

mom and baby 飼育員さんが撮影した赤ちゃんアルバム

写真提供：鹿児島市平川動物公園

母「インディコ」赤ちゃん「スター」

母「キボウ」赤ちゃん「チャーボウ」

母「キボウ」赤ちゃん「チャーボウ」

mom and baby

飼育員さんが撮影した
赤ちゃんアルバム

チャーボウ（写真提供：鹿児島市平川動物公園）

ひなぎく（写真提供：横浜市立金沢動物園）

ぬいぐるみと一緒に体重測定

ただいま計測中

シャイニー（写真提供：神戸市立王子動物園）
ママの背中におんぶして計測中

ナギ（写真提供：淡路ファームパーク イングランドの丘）

もなか（写真提供：名古屋市東山動植物園）

赤ちゃん 2024年生まれ
（写真提供：埼玉県こども動物自然公園）

きんとき
（写真提供：（公財）東京動物園協会）

コアラの未来

北海道大学 大学院地球環境科学研究院
環境生物科学部門 生態遺伝学分野
早川研究室 助教

早川 卓志

「かわいい」「もふもふ」「まるまるしてる」。

日本でも人気のあるコアラは、こうした好意的な言葉で形容されることが多いですが、実は奥深い「ひみつ」がたくさん隠されています。本書でも、それらのひみつを紹介してきました。

コアラは、のんびり屋さんという印象があるかもしれませんが、意外にも素早く移動することがあり、繁殖期にはオス同士の熾烈な争いや、オスとメスの間での駆け引きが繰り広げられます。

そうした過程を経て生まれる赤ちゃんは、わずか豆粒ほどの大きさです。成長の過程で、離乳食として母親のウンチを食べることも知られています。やがて、大きくなると猛毒のユーカリの葉を主食とするようになり、それを消化するために体内では特殊な腸内細菌が働いているのです。

知れば知るほど、コアラのひみつの奥深さに驚かされたことでしょう。その一方で、コアラの未来が決して明るいものではないことにも気づかされます。

伐採や火災によってオーストラリアのユーカリの森は減少し、都市化が進むことで交通事故のリスクが高まり、感染症の脅威も避けられません。ユーカリとともに生きるコアラは、このままユーカリとともに絶滅へと向かってしまうのでしょうか。

コアラを絶滅の危機から救うためには、彼らの生態のひみつをさらに解き明かし、適切な食べ物と住みかであるユーカリの森を守っていかなければなりません。

動物園のコアラたちからも、私たちは多くを学ぶことができます。コアラを知り、ユーカリを学ぶことが、コアラの未来を明るいものに変える第一歩なのです。

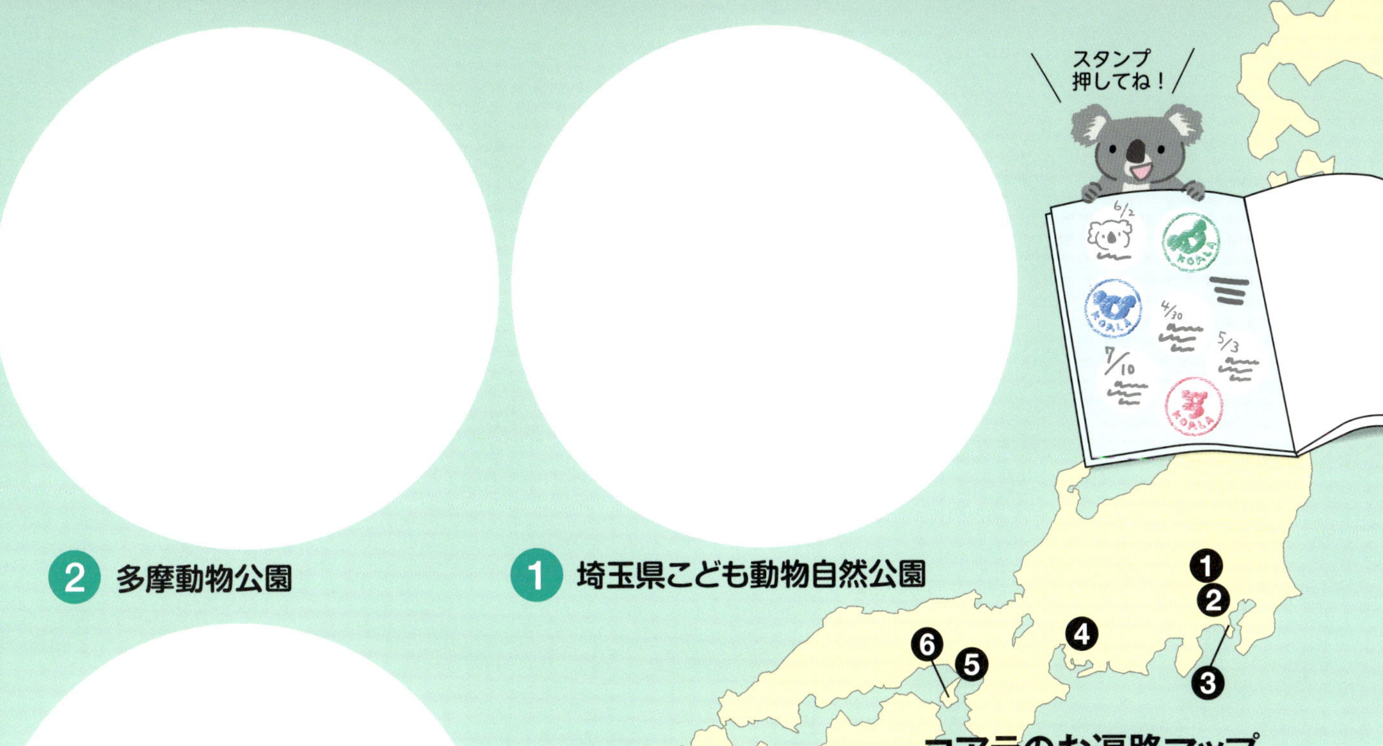

コアラのお遍路マップ

コアラ参りに行こう！

地元のお気に入りのコアラもいいけれど、せっかくだから関東、東海、関西、それから鹿児島にあるコアラの施設を巡ってみませんか？　訪れた記念にスタンプやメモを残すもよし、自由に空白を使ってみてください。

1 埼玉県こども動物自然公園

2 多摩動物公園

3 横浜市立金沢動物園

4 名古屋市東山動植物園

5 神戸市立王子動物園

6 淡路ファームランド
イングランドの丘

7 鹿児島市平川動物公園

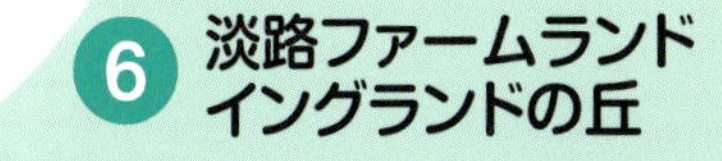

シャイニー
（神戸市立王子動物園）

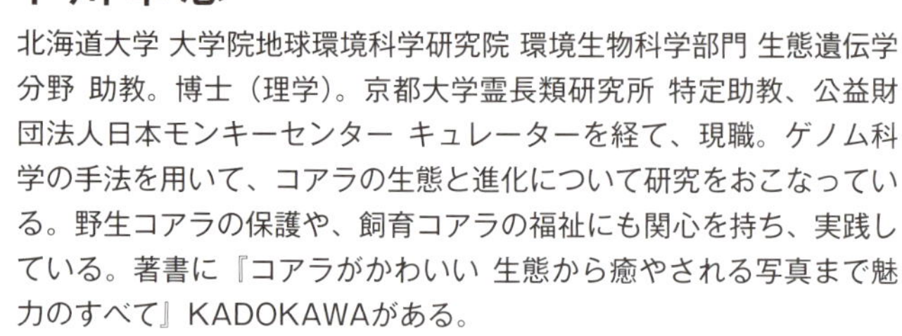

監修

早川卓志（はやかわ　たかし）

北海道大学 大学院地球環境科学研究院 環境生物科学部門 生態遺伝学分野 助教。博士（理学）。京都大学霊長類研究所 特定助教、公益財団法人日本モンキーセンター キュレーターを経て、現職。ゲノム科学の手法を用いて、コアラの生態と進化について研究をおこなっている。野生コアラの保護や、飼育コアラの福祉にも関心を持ち、実践している。著書に『コアラがかわいい 生態から癒やされる写真まで魅力のすべて』KADOKAWAがある。

企画・撮影・編集・デザイン

南幅俊輔（みなみはば　しゅんすけ）

盛岡市生まれ。グラフィックデザイナー＆写真家。外で暮らす猫「ソトネコ」をテーマに撮影活動中。著書に『ソトネコＪＡＰＡＮ』（洋泉社）、『ワル猫カレンダー』（マガジン・マガジン）、『踊るハシビロコウ』『マヌルネコ15の秘密』（ライブ・パブリッシング）。『ハシビロコウカレンダー』『 アザラシまるごとBOOK』（辰巳出版）、『ハシビロコウのすべて』『ゴリラのすべて』『ラッコのすべて』『リロぼん』（廣済堂出版）、『美しすぎるネコ科図鑑』（小学館）、など。

コアラのひみつ

2025年4月18日　初版第1刷発行

編著　南幅俊輔
発行人　坪井義哉
発行所　株式会社カンゼン
〒101-0041
東京都千代田区神田須田町2-2-3
ITC 神田須田町ビル
TEL03-5295-7723（代表）
FAX03-5295-7725（販売部）
印刷・製本　株式会社シナノ

https://www.kanzen.jp/
郵便振替　00150-7-130339

ご意見、ご感想に関しましては
Kanso@kanzen.jp まで
E メールにてお寄せください。お待ちしております。

ISBN978-4-86255-756-8

【STAFF】

ブックデザイン・撮影／南幅俊輔
企画・編集・取材／有限会社コイル
誌面デザイン／有限会社コイル　ハセガワチエコ　アサクラカヨコ
漫画／ワタナベ・チヒロ
イラスト／イソベサキ
編集協力／松永詠美子
企画・進行／高橋大地（カンゼン）

【取材・撮影・資料協力】

埼玉県こども動物自然公園　多摩動物公園　横浜市立金沢動物園
名古屋市東山動植物園　神戸市立王子動物園
淡路ファームパーク イングランドの丘　鹿児島市平川動物公園

【写真】

カバー周り　その他本文の特記なきもの／南幅俊輔
Shutterstock
pisaphotography (p2) Chamil's Lens (p40) R.H. Koenig (p42) koalagardens (p44) neost (p45) Jackson Stock Photography (p46) (p47) AlecTrusler2015 (p48) Wirestock Creators (p49) (p52) Sharon Wills (p50) TassaneeT (p51)

【参考資料】

『有袋類学』　遠藤秀紀著　東京大学出版会
『動物園【真】定番シリーズ②コアラ』　CCRE
『進化がわかる動物図鑑　カンガルー・コアラ・カモノハシ』
柴内俊次監修　ほるぷ出版
『Australian Koala Foundation』 https://www.savethekoala.com/